AF370819

CHARLES JANET.

ÉTUDES SUR LES FOURMIS

5ᵉ NOTE

Sur la morphologie du squelette des segments
post-thoraciques chez les Myrmicides
(*Myrmica rubra* L. femelle).

Extrait des Mémoires de la Société Académique de l'Oise, tome XV, 1894.

BEAUVAIS

IMPRIMERIE D. PERE, RUE SAINT-JEAN. — A. CARTIER, GÉRANT.

1894.

Charles JANET.

ÉTUDES SUR LES FOURMIS

5ᵉ NOTE [1]

*Sur la morphologie du squelette des segments
post-thoraciques chez les Myrmicides
(Myrmica rubra L. femelle).*

SOMMAIRE.

A. Groupement des segments post-céphaliques.
B. Pétiole.
C. Description du squelette de chacun des anneaux post-thoraciques.

A. Groupement des segments post-céphaliques.

J'appelle segments post-céphaliques tous les segments qui font
suite à la tête. Je les numérote de 1 à 13 et les désigne dans mes
figures par les abréviations **Se 1, Se 2... Se 13.**

Les trois segments supérieurs (2) **Se 1, Se 2, Se 3,** sont
les segments thoraciques. Je désigne tous les suivants **Se 4** à
Se 13 sous le nom de segments post-thoraciques.

(1) 1ʳᵉ Note. Ann. Soc. Ent. Fr. T. 62. p. 159. 1893.
   2ᵉ Note. Ann. Soc. Ent. Fr. T. 62. 1893.
   3ᵉ Note. Bull. Soc. Zool. Fr. T. 18. p. 168. 1893.
   4ᵉ Note. Soc. Zool. Fr. 1894.

(2) Je suppose dans mes descriptions l'animal placé verticalement la
tête en haut. Cette position, commode pour les descriptions anatomi-
ques, a été, à la suite de M. H. de Lacaze Duthiers, adoptée par un bon
nombre de naturalistes.

Ces deux groupes se distinguent, non seulement par la présence ou l'absence de pattes bien développées chez l'imago, mais encore par d'autres caractères parmi lesquels il faut citer une structure différente de l'appareil de fermeture des stigmates (1).

A côté de cette division morphologique fondamentale du corps il y en a une autre, plus apparente, en quelque sorte fonctionnelle, pour laquelle j'emploierai des termes qu'il importe de bien préciser.

Je désignerai la région bien nettement limitée qui fait suite à la *tête* sous le nom de *corselet*. Ce dernier est ici formé par la réunion des trois segments thoraciques **Se 1** à **Se 3** avec le segment **Se 4**. Le *pétiole* est formé chez les Myrmicides par les deux segments **Se 5** et **Se 6**. Le nom d'*abdomen* sera réservé à cette partie globuleuse qui fait suite au pétiole et dont la surface visible de l'extérieur est constituée, chez les Myrmicides femelles, par les arceaux chitineux des segments **Se 7** à **Se 10**. Les segments **Se 11** à **Se 13**, qui ne sont pas visibles de l'extérieur, constituent la région cachée de l'abdomen.

Les noms de corselet, pétiole et abdomen se rapportent ainsi aux divisions externes, visibles, du corps, divisions de composition variable suivant le groupe considéré. Il ne s'agit ici que des Myrmicides femelles. Il est certainement avantageux de réserver le nom de thorax invariablement, chez tous les insectes, aux trois premiers segments post-céphaliques, et celui de corselet à l'ensemble des segments, ici au nombre de quatre, qui se trouvent réunis, en un groupe bien délimité, à la suite de la tête. Les segments désignés ici sous le nom de segments post-thoraciques sont ordinairement appelés segments abdominaux. Comme il est nécessaire d'avoir un nom pour désigner cette région de composition très variable, mais généralement bien délimitée et plus ou moins globuleuse, qui forme la région inférieure du corps des insectes, je préfère réserver pour elle seule le nom d'abdomen.

Cette répartition des segments est résumée dans le tableau suivant qui indique, en même temps, quels sont ceux qui portent des stigmates et quelle est la situation occupée par les ganglions nerveux.

---

(1) Je publierai prochainement la description de l'appareil de fermeture des stigmates des Fourmis.

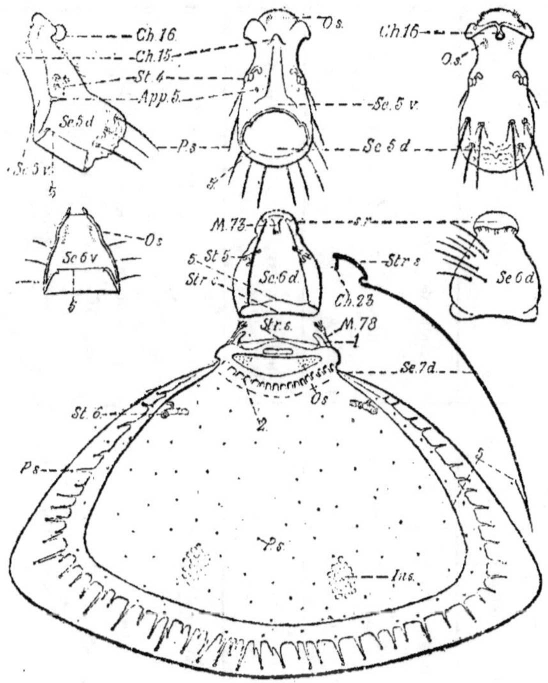

Fig. 1. *Myrmica rubra* L. femelle. Squelette du pétiole et arceau dorsal du premier anneau de l'abdomen. Gross. 25.

En haut, premier nœud : 1° Vue latérale; 2° vue ventrale; 3°
vue dorsale.

Au-dessous, deuxième nœud : 1° Arceau ventral vu de l'intérieur ; 2° Arceau dorsal vu de l'intérieur ; 3° Arceau dorsal vu de
l'extérieur.

En bas, arceau dorsal du premier anneau de l'abdomen :
1° Vue de face par transparence ; 2° Coupe sagittale.

RÉPARTITION DES SEGMENTS POST-CÉPHALIQUES CHEZ LES MYRMICIDES FEMELLES.

DIVISION morphologique fondamentale.	NUMÉROTAGE des segments.	ABRÉVIATIONS pour les figures.	DÉSIGNATION des segments.	SITUATION des stigmates.	RÉPARTITION des ganglions.	DIVISIONS extérieures apparentes.
Segments thoraciques.	1er segm. post-céphal.	Se 1	Prothorax.		Ganglion de Se 1.	Corselet.
	2e — —	Se 2	Mésothorax.	1er stigmate.	Ganglion de Se 2.	
	3e — —	Se 3	Métathorax.	2e —	Ganglions de Se 3 Se 4 Se 5 réunis.	
	4e — —	Se 4	Segment médiaire.	3e —	Pas de ganglion.	
Segments post-thoraciques.	5e — —	Se 5	Premier nœud.	4e —	Ganglion de Se 6.	Pétiole.
	6e — —	Se 6	Deuxième nœud.	5e —	Pas de ganglion.	
	7e — —	Se 7	Ann. articul. de l'abd.	6e —	Chaîne nerveuse abdominale comprenant les ganglions de Se 7 et Se 8 qui sont bien séparés, les ganglions de Se 9 et Se 10 qui se touchent, et les ganglions de Se 11, Se 12, Se 13, qui sont fusionnés en une seule masse accolée au ganglion précédent.	Arceaux visibles de l'abdomen.
	8e — —	Se 8		7e —		
	9e — —	Se 9		8e —		
	10e — —	Se 10	Dern. ann. visible.	9e —		
	11e — —	Se 11	Segm. des stylets.	10e —		Parties cachées de l'abdomen.
	12e — —	Se 12	Segm. du gorgeret.			
	13e — —	Se 13	Segment anal.			

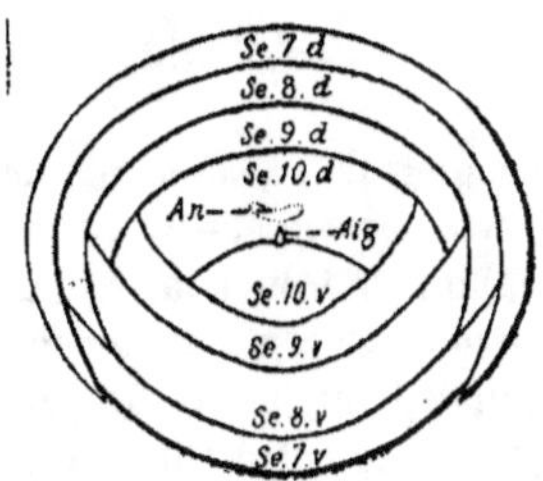

Fig. 2. *Myrmica rubra* L. femelle. Abdomen vu en bout de l'extérieur. Gross. 6.

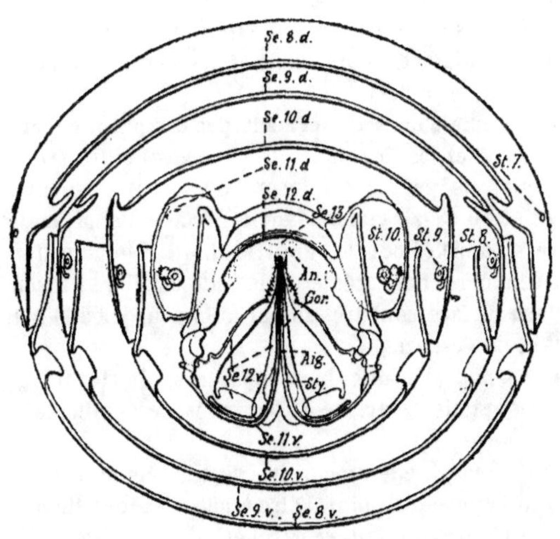

Fig. 3. *Myrmica rubra* L. femelle. Squelette de la partie inférieure de l'abdomen, vu en bout de l'intérieur. Gross. 12.

B. Pétiole

Pétiole des hyménoptères. — Le pétiole de l'abdomen est la partie rétrécie du corps formée par un ou deux segments **Se 5** ou **Se 5** et **Se 6**) qui se trouve intercalée chez la plupart des hyménoptères entre le corselet et l'abdomen.

Chez les Tenthrédines il n'y a pas de pétiole. Le corselet et l'abdomen, bien que nettement distincts grâce à un rétrécissement assez prononcé, sont en contact l'un avec l'autre par une large surface. On les appelle hyménoptères à abdomen sessile, par opposition aux autres hyménoptères qui sont tous pourvus d'un pétiole.

Chez les Evanides et chez les Sphégides le pétiole est très long et extrêmement grêle.

Pétiole des fourmis. — Chez les Fourmis, le pétiole est aussi assez fortement rétréci.

Chez *Myrmica rubra*, sa section transversale minima est située un peu au-dessous de son articulation avec le corselet. A ce niveau, chez des individus de taille moyenne, de 4 1|2 millim. de longueur, le diamètre dorso-ventral descend à millim. 0,09 et le diamètre latéral à 0,24.

Pétiole formé d'un seul segment, des Camponotidæ et Dolichoderidæ. — Chez les *Camponotidæ (Formica)* et les *Dolichoderidæ (Tapinoma)*, le pétiole est formé d'un seul segment (**Se 8**). Dans ce cas il s'étale généralement, du côté dorsal, en une lame transverse, appelée écaille, dont le bord est souvent plus ou moins échancré. Les caractères de cette écaille, sa forme et l'aspect de sa surface, sont très importants pour les distinctions des genres et des espèces.

Chez *Formica*, l'écaille, bien apparente, de forme généralement très aplatie, se dresse à peu près perpendiculairement à l'axe du corps.

Chez *Tapinoma*, elle est couchée vers la tète et soudée au segment qui la porte au point d'être à peu près indistincte.

Fenger (3. p. 340) fait remarquer que l'écaille est toujours moins élevée et moins développée chez les mâles que chez les femelles, reines ou ouvrières.

Pétiole, formé d'un seul segment, des Poneridæ. — Le pétiole

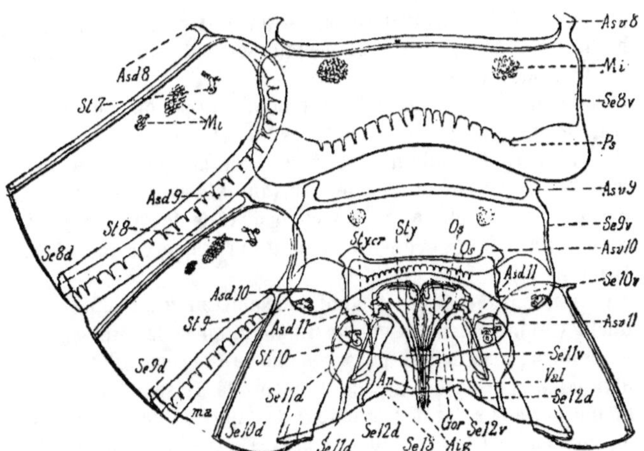

Fig. 4. *Myrmica rubra* L. femelle. Squelette chitineux de la partie inférieure de l'abdomen coupé suivant la ligne médiane dorsale et étalé entre deux lames de verre. Gross. 25.

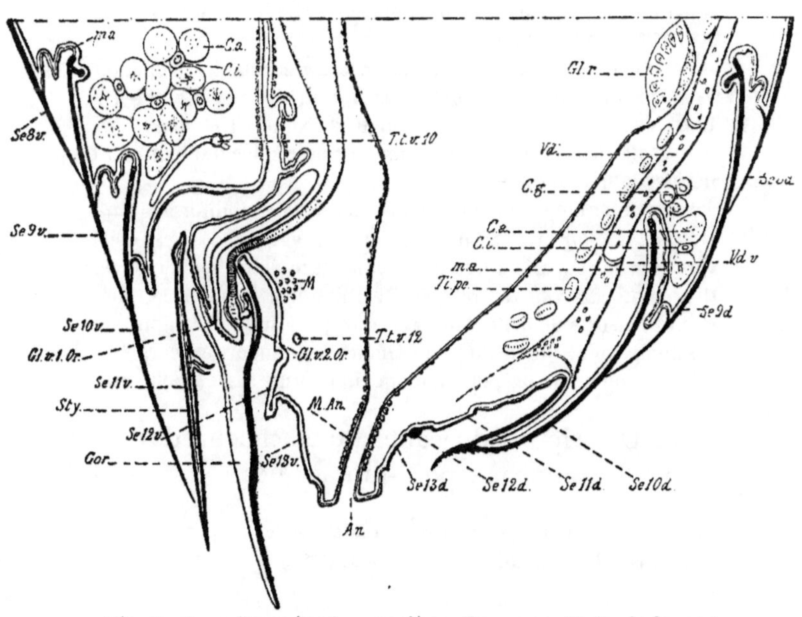

Fig. 5. *Myrmica rubra* L. ouvrière. Coupe sagittale de la partie inférieure de l'abdomen. Gross. 100.

des *Poneridæ* est formé d'un seul segment (**Se 5**). Quelquefois nodiforme (*Amblypone*), il est, le plus souvent, surmonté d'une écaille épaisse (*Ponera*).

Cette famille constitue au point de vue du pétiole un passage entre les familles précédentes et les *Myrmicidæ*.

En effet, si le pétiole n'y est formé que par un seul segment (**Se 5**), on voit que le segment suivant (**Se 6**) se rétrécit à sa partie inférieure et tend à se séparer du reste de l'abdomen par cet étranglement qui constitue l'un des principaux caractères de la famille.

Ce segment **Se 6** correspond donc ainsi au 2e nœud des Myrmicides, non seulement par sa situation, qui en fait un segment homologue, mais encore par sa tendance à se séparer et à s'individualiser, et, ce qui accentue encore la ressemblance, c'est lui qui porte la crête de frottement de l'appareil de stridulation, puisque l'aire striée se trouve, comme chez les Myrmicides, à la partie antérieure de l'arceau dorsal suivant **Se 7 d** (second post-nodular segment, Sharp, 5 p. 204).

La présence et la situation de l'appareil de stridulation est ainsi un caractère de plus à ajouter à ceux qui rapprochent les Ponerides des Myrmicides.

Pétiole formé de deux segments, des Myrmicidæ. — Le pétiole est formé de deux segments chez les *Myrmicidæ* (**Se 5** et **Se 6**). Dans ce cas il ne présente jamais d'écaille. Les deux segments affectent le plus souvent une forme renflée qui leur a fait donner le nom de nœuds.

Le premier nœud est quelquefois tout à fait nodiforme (*Formicoxenus*, *Myrmecina*), mais le plus souvent (fig. 1) il est effilé vers sa partie supérieure, sa partie inférieure étant seule renflée. Il présente, du côté ventral, une saillie bien prononcée, formant une sorte de dent (**Ch. 15**) qui sert à limiter l'amplitude des mouvements de flexion de ce nœud par rapport au corselet.

Le second nœud présente toujours une forme assez globuleuse.

c. Description du squelette de chacun des anneaux post-thoraciques

Se 4. Quatrième segment du corselet. — Je ne parlerai que brièvement de ce premier segment post-thoracique qui est soudé au précédent et prend aussi part à la constitution du corselet dont il constitue le quatrième et dernier anneau.

Malgré cette union intime avec l'ensemble des segments thoraciques, ce segment ne perd pas les caractères qui appartiennent aux segments post-thoraciques.

En première ligne, l'appareil de fermeture de son stigmate, tout en prenant un grand développement et en présentant quelques ·modifications importantes, reste cependant construit sur le plan des appareils de fermeture situés sur les segments suivants. Le premier stigmate thoracique, situé à la partie antérieure de **Se 2**, présente, lui, un système de fermeture bien plus profondément modifié.

La musculature de **Se 4**, que je décrirai dans une prochaine note, est tout à fait celle d'un segment post-thoracique. Plus encore que celle du premier nœud, elle se rapproche de celle du deuxième nœud, où l'on retrouve bien nettement le plan de la musculature des segments abdominaux.

Se 5. Premier nœud. (Fig. 1) (1). — Dans le premier nœud des Myrmicides, comme dans le nœud unique des Camponotides, l'arceau dorsal et l'arceau ventral du squelette sont intimement soudés. Il en résulte que ce nœud constitue un tube formé d'une seule pièce, tandis que le deuxième nœud présente, comme les anneaux de l'abdomen, un arceau ventral et un arceau dorsal faciles à séparer.

L'articulation du premier nœud avec le corselet est notablement plus solide que celle du premier avec le deuxième nœud. Lorsque le squelette d'une *Myrmica* morte et desséchée se disloque, on voit presque toujours le premier nœud rester adhérent au corselet, tandis que le deuxième nœud reste adhérent à l'abdomen.

A sa partie supérieure, l'anneau rigide, qui constitue le squelette du premier nœud, s'évase sur les côtés. Un peu au-dessous de la bordure ventrale, et un peu plus bas, du côté dorsal, il y a des groupes de poils sensitifs.

____

(1) Pour les deux nœuds, voir aussi les figures des 6ᵉ et 7ᵉ Notes.

La bordure supérieure ventrale présente un bourrelet à surface rugueuse ; la bordure dorsale, réfléchie extérieurement, se prolonge en une apophyse, lamellaire dans sa partie proximale, dilatée en rotule, creuse dans sa partie distale (**Ch 16**). Les parois de cette rotule sont en continuité avec la membrane interannulaire.

Un peu au-dessous de cette partie supérieure évasée, se trouve la partie la plus rétrécie du pétiole et, plus bas, sur deux légères saillies latérales, la 4ᵉ paire de stigmates **St 4**. Un peu en dedans et au-dessous des stigmates, on aperçoit, par transparence, deux apophyses chitineuses internes (**App 5**) qui se terminent en pointe. La région dorsale inférieure présente de nombreuses crêtes qui la rendent très rugueuse et, du fond des dépressions qui séparent ces crêtes, partent de gros poils sensitifs.

La surface du premier nœud présente, notamment sur sa région ventrale, l'aspect caractéristique d'écailles imbriquées.

Se 6. **Deuxième nœud.** — (Fig. 1). A leur partie supérieure, les arceaux chitineux du deuxième nœud présentent chacun un bourrelet dont la surface se rapproche d'une portion de sphère. Ces bourrelets, qui sont surtout bien développés dans leur partie moyenne, vont en s'atténuant sur les côtés du corps. Leur ensemble constitue un renflement qui vient se loger dans une cavité correspondante formée par la partie inférieure des arceaux chitineux du segment précédent. Cette disposition se voit bien sur les coupes menées suivant le plan sagittal.

Cette articulation ne se prête qu'à des mouvements assez limités dans le sens transversal. Dans le sens du plan sagittal, où les portions de surfaces sphériques sont bien développées, elle permet, au contraire, des mouvements de très grande amplitude.

Le squelette chitineux du deuxième nœud, contrairement à ce qui a lieu pour le nœud précédent, peut être, grâce à la présence d'une membrane articulaire, divisé, comme les segments abdominaux suivants, en un arceau dorsal et un arceau ventral.

L'arceau dorsal est notablement plus grand que l'arceau ventral. Il présente, à sa partie supérieure, un bourrelet articulaire bien développé à surface d'aspect écailleux. Au-dessous de ce bourrelet, on voit un certain nombre de nervures. Plus bas, il y a de gros et longs poils sensitifs qui ne sont représentés que sur un seul côté de la figure.

Sur la face interne, on remarque en haut et latéralement, deux apophyses homotypes de celles des arceaux dorsaux de l'abdomen et, au milieu, le tendon aplati du muscle **M 73** qui, après avoir traversé le deuxième nœud de haut en bas, va s'insérer sur la bordure supérieure du premier arceau dorsal de l'abdomen. Plus bas, et tout à fait sur les côtés, on voit les organes de fermeture des deux stigmates.

A sa partie inférieure, le squelette se replie pour former la cavité, de forme arrondie, dans laquelle vient se loger le bourrelet articulaire du premier anneau de l'abdomen. C'est dans la région moyenne de la partie la plus sailllante de ce repli, que se trouve la crête de frottement de l'organe stridulateur (1).

L'arceau ventral a ses deux apophyses supero-latérales très prononcées, et présente également un bourrelet articulaire à surface écailleuse. Sur les côtés de cette surface rugueuse, et se prolongeant plus bas, sont deux groupes d'organes sensitifs formés de poils assez gros, mais relativement courts.

Segments constituant l'abdomen proprement dit.— L'abdomen, si l'on ne comprend sous cette désignation, comme je le fais ici, que la partie globuleuse qui fait suite au pétiole, est formé par les sept segments post-céphaliques **Se 7** à **Se 13**.

La figure 2 représente l'abdomen de *Myrmica rubra* femelle, vu en bout de l'extérieur. Par suite de leur très grand développement, les arceaux dorsal et ventral du premier segment de l'abdomen (**Se 7**) sont visibles même dans cette position de l'animal. Le segment **Se 10** forme, comme on le voit, la terminaison apparente du corps. L'aiguillon, couché presque parallèlement à l'arceau ventral **Se 10 v**, a sa pointe dirigée un peu vers le haut. Cette pointe est représentée ici légèrement sortie, mais elle est normalement tout à fait rentrée. L'emplacement de l'anus, qui, lui aussi, est normalement caché, a été figuré en pointillé.

Cette figure représente bien la disposition générale des arceaux de chitine qui constituent l'abdomen ; mais la même préparation,

----

(1) Voir les figures des 6ᵉ et 7ᵉ Notes.

vue cette fois non plus de l'extérieur, mais bien de l'intérieur, sera encore plus instructive (fig. 3). Pour qu'il soit possible de voir ainsi l'intérieur du squelette abdominal, il faut enlever complètement toute la partie supérieure de l'abdomen, c'est-à-dire les deux énormes arceaux qui constituent son premier segment **Se 7**. Le squelette chitineux a été préalablement débarrassé de tout son contenu. Sauf l'arceau **Se 8**, qui montre une petite portion de sa surface externe, tous les autres ne montrent que leur tranche et leur face interne.

On remarque tout d'abord sur le bord supérieur de chaque arceau, aussi bien dorsal que ventral, deux apophyses latérales servant d'insertion aux muscles moteurs de l'abdomen (1). Pour bien comprendre cette figure, il faut observer, pour chaque arceau, que la bordure comprise entre les deux apophyses est la bordure horizontale supérieure (2), que les bordures figurées en dehors des apophyses représentent, vus très obliquement, les bords latéraux de l'arceau, tandis que la ligne qui part de l'extrémité de ces bords latéraux représente la bordure tranchante inférieure. Ces bordures tranchantes inférieures ne sont visibles dans la figure que sur de très faibles longueurs.

Les bords latéraux et le bord inférieur se rencontrent sur cette figure à angle vif, ce qui est dû à un effet de projection. Sur l'arceau étalé et vu de face, cet angle est non pas vif, mais régulièrement arrondi comme on le voit sur la figure 4.

Sur l'arceau **Se 8 d,** le septième stigmate ne montre que son orifice externe. Sur les arceaux suivants (**Se 9, 10, 11**) les 8e, 9e et 10e stigmates montrent le squelette de leur organe de fermeture, et le petit cercle qui représente l'orifice externe est supposé vu par transparence. On voit, sur la figure 4, que les stigmates sont situés plus haut que le milieu de la hauteur de l'arceau dorsal, au-dessous des apophyses et à peu de distance du bord latéral.

Au droit de l'appareil de fermeture, le bord de l'arceau ventral (fig. 3) présente une légère concavité externe servant à loger la

---

(1) Je donnerai prochainement une description de ces muscles.

(2) Je suppose toujours l'animal placé verticalement la tête en haut.

lame réfléchie du bord latéral de l'arceau dorsal, la membrane articulaire et l'organe de fermeture du stigmate.

Se 7. **Premier segment de l'abdomen** (fig. 1 et 2). — Les arceaux dorsal et ventral de ce segment, surtout le premier, sont tellement développés qu'ils recouvrent, à l'état normal, notablement plus de la moitié de tout l'abdomen, et c'est pour cette raison qu'ils sont visibles sur la figure 2 qui le représente vu en bout.

Se 7 d. — A la partie supérieure de l'arceau dorsal (fig. 1), on voit les deux apophyses latérales 1. correspondant aux apophyses supero-latérales des arceaux suivants, et les tendons de la paire de muscles M 78.

La marge supérieure se réfléchit vers l'intérieur en une nervure ou apodème transversal bien visible sur la figure 1. Cette nervure donne une grande raideur à cette partie supérieure de l'arceau ; c'est sur sa face supérieure que vient s'attacher, étalé sur une large surface, le muscle M 73 dont j'ai parlé plus haut.

La partie supérieure de cet arceau dorsal présente un renflement à surface sphérique qui constitue la surface articulaire du segment avec le segment précédent. Ce bourrelet est ici tout particulièrement développé et, sur sa région médiane, l'ornementation superficielle se transforme en fines crêtes transversales, donnant à la surface qu'elles recouvrent un aspect finement strié. C'est l'aire striée de l'organe de stridulation, sur lequel je reviendrai dans une prochaine note. Deux groupes d'organes sensitifs se trouvent de chaque côté de cette surface articulaire (**Os** fig. 1).

Ce renflement articulaire sphérique est séparé d'avec la partie suivante de l'arceau par un sillon bien net, au-dessous duquel on voit un certain nombre de petites nervures.

La partie suivante (fig. 1 et 2) forme une grande écaille recouvrant à elle seule la majeure partie de l'abdomen. Sa surface est lisse, brillante et couverte de poils sensitifs, épars, de grandeur fort variable, dont une partie est représentée sur la fig. 1 par le contour des fossettes d'insertion.

Examinée par transparence, cette écaille nous montre, à sa partie supérieure, les stigmates et leurs organes de fermeture et, vers le bas, les traces, se détachant en couleur plus claire, des insertions des muscles qui la relient à l'arceau suivant. A sa partie inférieure, et sur ses parties latérales, elle s'amincit comme le tranchant d'un couteau et fournit une lame réfléchie bien visible sur la coupe transversale de la figure 1.

La bordure de cette lame réfléchie, ou mieux la ligne suivant laquelle, de squelette rigide, elle devient membrane articulaire flexible, se voit en 5, fig. 1.

Les poils sensitifs situés dans le voisinage des bordures inférieure et latérales présentent sur cet arceau, et aussi sur les arceaux suivants, une disposition particulière. Comme ils sont situés sur une partie de l'écaille où elle est soudée avec sa lame réfléchie, leurs fossettes d'insertion sont précédées de longs canaux qui donnent passage aux prolongements épidermiques et nerveux qui aboutissent à la cavité du poil. Une partie de ces canaux a été représentée sur la fig. 1.

Se 7 v. — L'arceau ventral de l'anneau **Se 7** ressemble, par sa forme générale, à l'arceau dorsal correspondant. Il est un peu plus court, mais surtout beaucoup moins large.

Son renflement articulaire supérieur rappelle celui de l'arceau dorsal, mais son ornementation est restée formée de saillies relativement grandes dont les surfaces imbriquées donnent, en coupe transversale, l'aspect d'une denture de scie à dents assez fortement inclinées vers le bas. Comme sur l'arceau dorsal, on y voit les apophyses supero-latérales, les nervures situées au-dessous du bourrelet articulaire, les deux taches d'insertions musculaires et des poils sensitifs dont les plus inférieurs sont précédés de longues tubulures.

Se 8. — Les arceaux du 8e segment post-céphalique sont beaucoup plus petits que ceux du 7e. Ceux des 9e et 10e ont des tailles encore décroissantes. Sauf lorsque l'animal est gorgé de nourriture, ils ne laissent guère voir que leur moitié inférieure, l'autre moitié étant recouverte par l'arceau précédent.

Tandis que l'anneau **se 7** est notablement modifié par suite de son articulation avec le pétiole, l'anneau **se 8** présente tout à fait la forme typique d'un anneau abdominal normal. Il faut ainsi, chez les Myrmicides, descendre jusqu'au huitième segment post-céphalique pour trouver un anneau abdominal typique, tandis qu'il suffit pour cela de descendre jusqu'au septième chez les Formicides, et encore moins bas chez d'autres insectes.

Se 8 d. — L'arceau dorsal présente à sa face interne, le long de son bord supérieur, une nervure régulière correspondant aux apodèmes transversaux qui occupent la même situation sur **Se 6** et **Se 7**. Les deux apophyses supérieures sont légèrement incurvées et un peu pointues. Les bords latéraux ont un contour arrondi qui passe insensiblement au bord inférieur. Les stigmates sont placés assez haut et sur les côtés. Les traces des insertions musculaires forment, à droite et à gauche, en dedans des stigmates et un peu plus haut, deux taches bien distinctes et inégales, les plus externes étant les plus grandes. Dans la partie de l'écaille soudée avec la lame réfléchie, on voit comme précédemment de nombreuses tubulures conduisant aux poils sensitifs.

Se 8 v. — Les apophyses supérieures de l'arceau ventral sont, ici comme ailleurs, dans tous les anneaux suivants, beaucoup plus larges que celles de l'arceau dorsal. La tache correspondant aux insertions des brins musculaires est arrondie et moins dédoublée. Le bord inférieur présente une sinuosité rentrante en rapport avec la tendance de l'abdomen à s'incurver dans un sens tel que les arceaux dorsaux s'écartent, tandis que les ventraux se rapprochent et rentrent les uns dans les autres.

Se 9. — Les arceaux du segment **Se 9** ne diffèrent guère de ceux de l'anneau précédent que par leur taille un peu plus petite.

Se 10. — **Dernier anneau extérieurement visible de l'abdomen des Fourmis femelles, reines ou ouvrières.** — Lorsqu'on numérote, comme on le fait souvent, les segments inférieurs du corps en prenant comme point de départ sous le nom de 1er segment abdominal celui qui forme la partie inférieure du corselet et précède le premier nœud, le dernier anneau visible dont il est ici question est appelé septième segment abdominal.

Lorsqu'on les numérote, comme on est amené à le faire dans les ouvrages descriptifs, où il est naturel de ne considérer que ce qui est bien apparent et facilement reconnaissable, le premier nœud est souvent appelé premier, et l'anneau qui nous occupe ici sixième segment abdominal (André 1, introd. p. 83).

Les deux arceaux de cet anneau constituent un cône à deux valves, protecteur des anneaux suivants qui sont pro-

fondément modifiés et normalement rentrés dans son intérieur. Tous deux présentent à leur extrémité inférieure un faible
prolongement concave qui correspond au passage de l'aiguillon
et contribue à le maintenir dans la ligne médiane lorsque l'animal ne cherche pas, comme il a la faculté de le faire à le diri-
ger un peu obliquement.

Se 10 d. — Le stigmate est placé ici relativement un peu
plus bas que sur les arceaux précédents. La partie inférieure de
l'écaille est munie de fortes rugosités accompagnées de gros poils
sensitifs.

Se 10 v. — Cet arceau n'a plus la forme des précédents.
Au lieu de présenter sur son bord inférieur une sinuosité rentrante, il se prolonge au contraire en pointe. Sa forme rappelle
celle d'un écu d'armoiriès qui serait très large. La ligne suivant
laquelle sa partie inférieure est soudée avec sa lame réfléchie,
ligne qui n'a pas été représentée pour ne pas surcharger la
figure, est beaucoup plus sinueuse que sur les arceaux précédents; sa partie médiane remonte très haut, de manière à limiter une aire étroite mais longue où l'écaille, formée d'une seule
épaisseur par soudure de ses deux lames, constitue la paroi d'un
logement de forme appropriée pour abriter l'aiguillon. Comme
sur les autres écailles, cette ligne est coupée en de nombreux
points par les tubulures d'accès de poils sensitifs.

Toute la partie inférieure de cet arceau porte, comme l'arceau
dorsal correspondant, des poils sensitifs nombreux et bien développés en rapport avec le rôle protecteur de cette partie fonc-
tionnellement terminale du corps.

Se 11 d. — La constitution du 11e anneau post-céphalique
est plus difficile à reconnaître (fig. 3, 4, 5). Dans les dissections du squelette chitineux, les deux écailles qui portent les
derniers stigmates (**St 10**) se séparent très facilement non
seulement des parties voisines, mais encore l'une de l'autre
(fig, 4). Ces écailles sont deux aires tégumentaires chitinisées,
réduites juste à la surface nécessaire pour porter l'appareil de
fermeture des stigmates et recevoir les insertions musculaires.
Toutes les autres parties de l'arceau sont restées pour ainsi dire
membraneuses.

Ces écailles sont les flancs de l'arceau dorsal **Se 11 d.** et
correspondraient à ces parties des arceaux précédents que l'on

pourrait appeler épisternites ou pleures, si elles n'étaient là,
parties intégrantes et nullement délimitées d'un ensemble
indivisible.

Les stigmates de cet arceau et leurs organes de fermeture sont
notablement plus développés que ceux des arceaux précédents.
On voit sur la figure 4 les deux apophyses supero-latérales
As d. 11 correspondant aux apophyses homotypes des arceaux
précédents.

Du coté externe de chacune de ces deux apophyses on voit sur
la fig. 4 deux portions de la bordure supérieure de l'arceau.
Cette bordure supérieure s'infléchit et disparaît lorsqu'on se
dirige vers le milieu de la région dorsale, en sorte qu'elle parait
être incomplète. En réalité, elle disparaît parce qu'elle devient
membraneuse.

Du côté interne de chacune des deux apophyses, on voit une
bordure qui est la bordure latérale de l'arceau.

Cette bordure latérale se recourbe comme sur les arceaux précédents pour passer insensiblement à la bordure inférieure qui
paraît, sur les écailles isolées par la dissection, venir se termi-
ñer à une pointe arrondie. Cette pointe arrondie qui représente
l'extrémité de l'aire suffisamment chitinisée pour pouvoir être
détachée des parties voisines, se continue en réalité par une bande
cuticulaire assez nette sur de bonnes préparations et que l'on
voit sur les fig. 3, 4 et 5. Cette bande étroite constitue la région
médiane de l'arceau dorsal, et comme pour les arceaux précédents elle est représentée, coupée en son milieu, sur la fig. 4.
L'arceau dorsal **Se 11 d.** est ainsi représenté dans toutes ses
parties : médiane et pleurales.

Dans la fig. 3 les deux écailles sont vues très obliquement
tandis que dans la fig. 4 elles sont à peu près parallèles au plan
de la figure.

Se 11 v. Pièces carrées (Quadratische Platte). (Fig. 3 et 5). —
L'arceau ventral présente une disposition analogue mais les deux
écailles qu'il fournit dans les dissections restent unies par suite
de la soudure de leur partie inférieure, avec un arc dorsal fortement chitinisé qui représente l'arceau dorsal de l'anneau suivant (**Se 12 d.**).

Cette soudure de la partie infero-latérale d'un arceau ventral
avec l'arceau dorsal suivant n'a rien d'extrordinaire, si l'on ré-

fléchit que la soudure a lieu en un point où le même contact se retrouverait sur tous les anneaux précédents s'il n'y avait pour ces anneaux une membrane articulaire qui, ici dans cette région presque terminale du corps, fait défaut.

Laissant de coté l'arc **Se 12 d** on voit (fig. 4) les deux écailles qui représentent les flancs de **Se 11 v** placées tout près des deux écailles correspondantes de **Se 11 d**. En haut se trouve l'apophyse supero-latérale de l'arceau. Du côté interne de ces deux apophyses, on voit une portion de bordure qui représente la bordure supérieure de l'arceau et disparaît bientôt, devenant membraneuse. Du côté externe des deux apophyses, il y a deux bordures qui sont les bordures latérales de l'arceau. Les bordures latérales de l'arceau dorsal et de l'arceau ventral (fig. 4), superposées, se croisent dans une situation tout à fait comparable à celle des bordures latérales des arceaux d'un anneau précédent **Se 9 d** et **Se 9 v** par exemple.

Tout à fait à la partie supérieure de l'arceau ventral, et lui appartenant, nous voyons, articulée tout près de l'apophyse, la crosse (pièce angulaire, Winkel) de ces appendices qui constituent les stylets fig. 4, **Sty.**). Il y a sur cette crosse, représentées par une petite apophyse sur son côté externe et par un petit cercle sur son côté interne les insertions de deux muscles moteurs du stylet. Le muscle qui s'attache du côté externe est rétracteur, tandis que celui qui s'attache du côté interne est adducteur.

Se 12 d. — L'arceau dorsal est représenté, ainsi que je l'ai dit plus haut, par cet arc fortement chitinisé, étroit, mais épais (fig. 3, 4 et 5), qui se soude par ses extrémités avec la partie inféro-latérale de l'arceau ventral précédent. Cet arc forme ainsi une demi-circonférence extrèmement rigide (fig. 5).

Se 12 v. — Cet arceau ventral est encore plus profondément modifié que l'arceau ventral de l'anneau précédent. Ses parties bien chitinisées sont relativement très éloignées de l'arc dorsal **Se 12 d** auquel elles se relient par une vaste surface membraneuse. Sur la figure 4 on voit, en haut du trait pointillé qui aboutit à **Se 12 v** la bordure supérieure de l'arceau qui porte la nervure de guidage emboîtée dans la rainure correspondant du stylet. On y remarque, de chaque côté, un groupe d'organes sensitifs **O s**. Un peu au-dessous de cette bordure supérieure, et

séparée d'elle par une petite bande transversale membraneuse,
il y a une partie bien chitinisée qui appartient à la surface
de l'arceau ventral et qui est en continuité, sur ses côtés, avec
les valves du fourreau, au milieu et en haut, avec le gorgeret.
Ce dernier réprésente deux appendices de **Se 12** qui, par soudure sont devenus chez l'imago un organe impair et médian
(Uljanin, Kraepelin, Dewitz, etc). Il descend le long de **Se 12 v**
puis de **Se 13 v** (fig. 5).

Se 13. — Quant au dernier anneau, les figures 4 et 5 montrent bien à quel point il est réduit. Les deux arceaux de cet anneau réellement terminal servent à fermer l'anus.

AUTEURS CITÉS

1. ANDRÉ (Ed.).   Species des Hyménoptères d'Europe et d'Al-
                   gérie. T 1. Introduction. Les Mouches à
                   scie. 1879. Beaune.

2. ANDRÉ (Ernest). Les Fourmis. In : André Ed. Species des
                   Hyménoptères d'Europe et d'Algérie. T. 2.
                   1881. Beaune.

3. FENGER (W H.). Allgemeine Orismologie der Ameisen mit
                   besonderer Berücksichtigung des Wer-
                   thes der Classifications Merkmale. Ar-
                   chiv. f. Naturgeschichte. An 28. T 1. 1862.

4. JANET (Charles). Etudes sur les Fourmis.

5. SHARP, (David). On stridulation in Ants. Trans. Ent. Soc.
                   Lond. 1893. Part 2. p. 199.

6. ULJANIN'S.   Resultate über die Entwickelung des Sta-
                   chels der Arbeitsbiene, in : Sitzungsbe-
                   ritchte der zool. Abt. der 3. Vers. russ.
                   Naturf in Kiew. Zeitsch. f. wiss. Zool.
                   T. 22, p. 289.

EXPLICATION DES ABRÉVIATIONS EMPLOYÉES DANS LES FIGURES.

1.   Apophyse latérale de la partie supérieure de l'arceau
       Se 7 d.

2.   Nervure au-dessous du bourrelet articulaire de l'arceau
       Se 7 d.

5.	Bord de la lame réfléchie de la partie inférieure des arceaux de chitine. — C'est la ligne qui sépare la partie fortement chitinisée et rigide d'avec la partie flexible ou membraneuse de la cuticule.
Aig.	Aiguillon.
An.	Anus.
App 5.	Apophyses internes de l'arceau Se 5 v (arceau ventral du 1er nœud).
As d 8.	Apophyses latérales de la partie supérieure de **Se 8 d**.
As d 9.	— — — — Se 9 d.
As d 10.	— — — — Se 10 d.
As d 11.	— — — — Se 11 d.
As v 8.	— — — — Se 8 v.
As v 9.	— — — — Se 9 v.
As v 10.	— — — — Se 10 v.
As v 11.	— — — — Se 11 v.
C. a.	Cellule du tissu adipeux.
C. g.	Cellule glandulaire.
Ch 15.	Butoir médian situé à la partie antérieure de l'arceau **Se 5 v**.
Ch 16.	Articulation dorsale à tête sphérique de la partie supérieure de l'arceau **Se 5 d**.
Ch 23.	Nervure en forme de lame transverse de la partie supérieure de l'arceau **Se 7 d**.
Gl. r.	Glandes de l'ampoule rectale.
Gl v 1 Or.	Orifice de la glande accessoire de l'appareil vénénifique.
Gl v 2 Or.	Orifice de la glande principale de l'appareil vénénifique.
Gor.	Gorgeret.
Ins.	Insertion musculaire.
M.	Muscles.
M An.	Muscles de l'anus.
M 73.	(Dans le segment **Se 6** ou 2e nœud). Muscles releveurs du segment **Se 7**.
M 78.	(Dans le segment **Se 6** ou 2e nœud). Muscles rotateurs dorsaux externes du segment **Se 7**.
Mi.	Insertion musculaire.
m a.	Membrane articulaire du squelette.
O. s.	Organes sensitifs divers.
P. s.	Poils sensitifs.

Se 5 d.   Arceau dorsal de Se 5.
Se 6 d.   —   —   Se 6.
Se 7 d.   —   —   Se 7.
Se 8 d.   —   —   Se 8.
Se 9 d.   —   —   Se 9.
Se 10 d.   —   —   Se 10.
Se 11 d.   —   —   Se 11.
Se 12 d.   —   —   Se 12.
Se 13 d.   —   —   Se 13.
Se 5 v.   Arceau ventral de Se 5.
Se 6 v.   —   —   Se 6.
Se 7 v.   —   —   Se 7.
Se 8 v.   —   —   Se 8.
Se 9 v.   —   —   Se 9.
Se 10 v.   —   —   Se 10.
Se 11 v.   —   —   Se 11.
Se 12 v.   —   —   Se 12.
Se 13 v.   —   —   Se 13.
St 4.   4e stigmate situé sur Se 5 (1er nœud du pétiole).
St 5.   5e   —   —   Se 6 (2e   —   —).
St 6.   6e   —   —   Se 7.
St 7.   7e   —   —   Se 8.
St 8.   8e   —   —   Se 9.
St 9.   9e   —   —   Se 10.
St 10.   10e   —   —   Se 11.
St r c.   Organe de stridulation, Crête de frottement.
St r. s.   —   —   Aire striée.
St y. cr. Crosses des stylets.
St y.   Stylets de l'aiguillon.
s r.   Surface rugueuse.
Tl. pc.   Tissu péricardial.
T. t. v 10. Trachée transversale ventrale de Se 10.
T. t. v 12.   —   —   —   Se 12.
Val.   Valves formant la gaîne de l'aiguillon.
Vd.   Vaisseau dorsal.
Vd. v.   Valvules du vaisseau dorsal.

www.ingramcontent.com/pod-product-compliance
Lightning Source LLC
LaVergne TN
LVHW020641180726
843502LV00006B/2166